电力“反违章 防事故”手册

防车辆伤害

北京中电方大科技股份有限公司 组编

编写人员

王军芳 向 东 赵文博 邓畅宇 高 攀 吴思雨
雷梓萌 郭起行 李越冰 王华倩 陈锦富 邵 波
邓俊宇 金天寅 周大勇 张 旭 雷梓淇 黄克勤
李学刚 韩 毅 吴桐国 赵 蕾 蒋勤稷 王正通

中国电力出版社
CHINA ELECTRIC POWER PRESS

内 容 提 要

《图说电力“反违章 防事故”手册》以漫画形式表现了电力企业生产过程中，由于《安规》执行不到位、安全措施不落实、反违章意识不强、人员作业行为不规范等原因导致的生产安全事故，用简洁明了的语言、幽默风趣的漫画，使读者在阅读的同时，生动直观地认知违章危害、深究违章原因、学习规范作业、强化反违章意识。

《图说电力“反违章 防事故”手册》分为六个分册。本书是《防车辆伤害》分册，书中共列举了 30 个电力企业作业中的常见违章点。

本书适合电力生产一线人员学习使用，可作为电力工作者学习安全知识、了解安全规定、提高防范能力、强化反违章意识的学习材料，是电力企业开展“安全生产月”学习活动的理想用书。

图书在版编目（CIP）数据

图说电力“反违章 防事故”手册 . 防车辆伤害 / 北京中电方大科技股份有限公司组编 . — 北京 : 中国电力出版社 , 2023.5

ISBN 978-7-5198-7787-3

Ⅰ . ①图… Ⅱ . ①北… Ⅲ . ①电力工业 – 安全生产 – 手册②行车事故 – 手册 Ⅳ . ① TM08-62 ② X928.4-62

中国国家版本馆 CIP 数据核字 (2023) 第 076888 号

出版发行：中国电力出版社
地　　址：北京市东城区北京站西街 19 号
（邮政编码 100005）
网　　址：http://www.cepp.sgcc.com.cn
责任编辑：孙　芳（010-63412381）
责任校对：朱丽芳
装帧设计：沈阳红石榴文化传媒有限公司
责任印制：吴　迪

印　　刷：北京九天鸿程印刷有限责任公司
版　　次：2023 年 5 月第一版
印　　次：2023 年 5 月北京第一次印刷
开　　本：787 毫米 ×1092 毫米 24 开本
印　　张：3
字　　数：36 千字
印　　数：0001—2000 册
定　　价：30.00 元

前言

电力生产的客观规律和电力在国民经济中的特殊地位，决定了电力生产必须树立以人为本，坚持人民至上、生命至上的安全生产理念，坚持“安全第一、预防为主、综合治理”的安全生产方针。电力生产具有生产环节多、现场带电设备多、交叉作业多的特点。在电力企业，有95%以上的生产安全事故，是由违章引发的。因此，要有效地预防生产安全事故，就必须遏制违章。

为帮助广大电力生产相关人员提高对安全作业的重视，加深对反违章的理解，发挥事故案例警示教育在反违章工作中的作用，特编写《图说电力“反违章 防事故”手册》，丛书分为防车辆伤害，防触电，防火防爆、防中毒和窒息，防高处坠落，防起重伤害，防物体打击和机械伤害六个分册。

本书是《图说电力“反违章 防事故”手册》的《防车辆伤害》分册，书中列举了30个常见违章点。针对每个违章点，列举一个违章案例，通过文字对违章表现进行描述，配以漫画对违章现场进行还原；对每个违章案例，提出了违章依据，配以漫画对规范作业现场进行展示。本书图文并茂，具有语言简洁明了、漫画生动直观的特点。所述违章案例贴近一线、结合实际、类型丰富，配图生动形象、如临现场，力图达到企业全员珍爱自己和他人的生命，自己不发生违章，又要及时纠正他人发生的违章，从源头上控制生产安全事故发生的目的。

由于编者水平有限，书中的疏漏和差错在所难免，欢迎各位读者批评指正。

编者

2023年4月

目录

违章点 1 生产厂区道路无限速标志，厂内车辆超速行驶

◎ 违章表现

生产厂区道路无限速标志、厂内车辆超速行驶可能造成厂内车速过快，发生交通事故。

◎ 违章现场

◎ 依据

《工业企业厂内铁路、道路运输安全规程》规定：机动车在无限速标志的厂内主干道行驶时，不得超过30km/h，其他道路不得超过20km/h。

◎ 规范作业

《工业企业厂内铁路、道路运输安全规程》规定：机动车行驶至厂内交叉路口、装卸作业区等特殊地点、路段或遇到恶劣天气时，在保证安全的情况下不得超过15km/h、10km/h和5km/h。

违章点 2 油区周围未设置限制车辆通行标志

◎ 违章表现

油区周围未设置限制车辆通行标志。车辆随意在油区周围通行，一旦发生较大的交通事故将危及油库，引起油库区火灾事故。

◎ 违章现场

◎ 依据

《工业企业厂内铁路、道路运输安全规程》规定：易燃、易爆物品的生产区域或贮存仓库区，应根据安全生产的需要，将道路划分为限制车辆通行或禁止车辆通行的路段，并设置标志。

禁止机动车通行标志

禁止驶入标志

◎ 规范作业

违章点 3 交叉路口无限速标志，车辆未减速行驶

◎ 违章表现

交叉路口无限速标志，机动车辆在行驶至交叉路口时未减速，速度过快，引发交通事故。

◎ 违章现场

◎ 依据

《工业企业厂内铁路、道路运输安全规程》规定：机动车行驶至道口、交叉路口、装卸作业、人行稠密地段、下坡道、设有警告标志处或转弯、调头时，限速15km/h。

◎ 规范作业

违章点 4 驾驶员酒后驾驶车辆

◎ 违章表现

饮酒后，人对光、声刺激的反应时间延长，从而无法正确判断距离和速度；饮酒后会使视力暂时受损，视像不稳，辨色力下降，因此不能发现和正确领会交通信号、标志和标线，造成交通事故。

◎ 违章现场

◎ 依据

《中华人民共和国道路交通安全法》规定：机动车驾驶人应当遵守道路交通安全法律、法规的规定，按照操作规范安全驾驶、文明驾驶。饮酒、服用国家管制的精神药品或者麻醉药品，或者患有妨碍安全驾驶机动车的疾病，或者过度疲劳影响安全驾驶的，不得驾驶机动车。

◎ 规范作业

违章点 5 出车前未进行车况检查

◎ 违章表现

出车前不做车况检查，车辆存在缺陷得不到及时消除，导致车辆带病行驶，发生事故。

◎ 违章现场

◎ 依据

《安规》规定：开车前应对车辆的制动系统、转向系统、操纵机构和传动系统、行驶系统、车身等的安全性进行检查。

◎ 规范作业

违章点 6 车辆行驶中灯光显示异常

◎ 违章表现

车辆在行驶中，因灯光显示异常，导致后面车辆误判，造成交通事故。

◎ 违章现场

◎ 依据

《安规》规定：厂内机动车辆必须按照规定要求，定期检验，安装厂内机动车牌照、安全检验合格后，方可投入使用；车辆的制动器、转向器、喇叭、灯光、雨刷和后视镜必须保持齐全有效。

◎ 规范作业

违章点 7 驾驶员、乘车人均未系安全带

◎ 违章表现

驾驶员、乘车人均未系安全带，此种违章，导致车辆在紧急情况下发生碰撞，人员被甩出车外，造成伤害事故。

◎ 违章现场

◎ 依据

《中华人民共和国道路交通安全法》规定：机动车行驶时，驾驶人、乘坐人应当按规定使用安全带。

◎ 规范作业

违章点 8 驾驶存在安全隐患车辆

◎ 违章表现

车辆在行驶中，因灯光损坏导致其他行驶车辆判断失误造成交通事故。

◎ 违章现场

◎ 依据

《安规》车辆的制动器、转向器、喇叭、灯光、雨刷和后视镜必须保持齐全有效。行驶途中，如制动器、转向器、喇叭、灯光发生故障或雨雪天雨刷发生故障时，应停车进行修复，未经修复不得继续驾驶。

◎ 规范作业

违章点 9 驾驶员边驾驶边吸烟

◎ 违章表现

驾驶员在驾驶时吸烟的危害：①污染车内环境；②分散注意力，有突发状况易发生危险；③容易引起火灾；④香烟容易刺激眼睛，使视线模糊，导致危险发生。

◎ 违章现场

◎ 依据

《中华人民共和国道路交通管理条例》规定：驾驶员不准在驾驶车辆时吸烟、饮食、闲谈或有其他妨碍安全行车的行为。

◎ 规范作业

违章点 10 车辆行驶时驾驶员与其他人闲谈

◎ 违章表现

车辆行驶时驾驶员与其他人闲谈。驾驶员与其他人闲谈，会造成思想不集中，发生交通事故。

◎ 违章现场

◎ 依据

《安规》规定：车辆行驶时，他人不准和驾驶员闲谈。

◎ 规范作业

违章点 11 装载货物未捆扎牢固

◎ 违章表现

装载货物未捆扎牢固，此种违章造成货物滚落砸伤行人，或货物在车厢内晃动、车辆失稳造成交通事故。

◎ 违章现场

◎ 依据

《安规》规定：装载货物必须均衡平稳，捆扎牢固；装运物件应用绳子扎牢或用木块垫稳。

◎ 规范作业

违章点 12 车厢内乙炔瓶放置方式不正确

◎ 违章表现

乙炔瓶纵向放置时，气瓶阀门易遭受撞击，导致气体泄漏；乙炔瓶卧放时，易滚动，瓶与瓶、瓶与其他物体易受到撞击；乙炔瓶装有填料和溶剂（丙酮）卧放使用时，丙酮易随乙炔气流出，不仅增加丙酮的消耗量，还会降低燃烧稳定性而影响使用，同时会发生回火。以上情况都可能会引发乙炔瓶爆炸事故。

◎ 违章现场

◎ 依据

《安规》规定：用汽车运输气瓶时，气瓶不准顺车厢纵向放置，应横向放置。

◎ 规范作业

《安规》规定：为防止气瓶在运输途中滚动，应将其可靠地固定住。

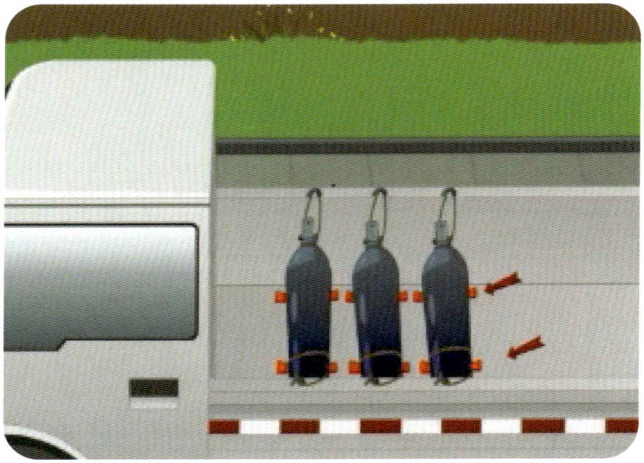

违章点 13 货运汽车的挂车内违规载人

◎ 违章表现

货运汽车的车辆在行驶中车厢内载人，一旦因路况及其他原因急刹车，乘坐在车厢上人员受到碰撞或跌落，造成人身伤害事故。

◎ 违章现场

◎ 依据

《安规》规定：机动车车厢以外的任何部位或货运汽车的挂车、拖拉机的挂车、起重车、罐车、平板车和轮胎式专用车，翻斗车、铲车不得载人。

◎ 规范作业

违章点 14 无证驾驶叉车

◎ 违章表现

无证人员驾驶技能不熟练，未掌握厂内机动车辆相关管理要求及交通法规，容易造成包括驾驶者自己在内的人身伤害和车辆事故。

◎ 违章现场

◎ 依据

《特种设备安全监察条例》规定：锅炉、压力容器、电梯、起重机械、客运索道、大型游乐设施、场（厂）内专用机动车辆的作业人员及其相关管理人员（以下统称特种设备作业人员），应当按照国家有关规定经特种设备安全监督管理部门考核合格，取得国家统一格式的特种作业人员证书，方可从事相应的作业或者管理工作。

◎ 规范作业

违章点 15 叉车违规载人

◎ 违章表现

叉车车辆违规载人行驶，一旦因路况或其他原因急刹车造成乘坐在车辆上人员伤害。

◎ 违章现场

◎ 依据

《安规》规定：叉车、电瓶车、轮胎式起重机等特种作业车辆，除规定座位外，不得载人。

◎ 规范作业

违章点 16 叉车装载货物偏斜、未固定

◎ 违章表现

装载货物偏斜、未固定，造成货物失去平衡掉落，也可能使车辆晃动失稳造成交通事故。

◎ 违章现场

◎ 依据

《安规》规定：车辆装载不得超过铭牌核定荷重。装载货物必须均衡平稳，捆扎牢固。

◎ 规范作业

违章点 17 叉车行驶在交叉路口未减速鸣号

◎ 违章表现

在交叉路口未减速鸣号，造成车辆侧滑、侧翻，可能伤及转弯处的行人，引发厂内交通事故。

◎ 违章现场

◎ 依据

《安规》规定：叉车不得快速启动、急转弯或突然制动；在转弯或斜坡处应低速行驶；倒车时不得紧急制动；遇到路面狭窄、不平和重车时，要缓慢行驶；在十字路口交叉转弯时应减速鸣号靠右行。

◎ 规范作业

违章点 18 叉车将装载的货物放在厂房门口

◎ 违章表现

叉车将装载的货物放在厂房门口，影响通行，在紧急情况下容易造成处理不及时，导致事故扩大。

◎ 违章现场

◎ 依据

《安规》规定：门口、通道、楼梯和平台等处，不准放置杂物，以免阻碍通行。

◎ 规范作业

违章点 19 叉车卸货后未将叉架收起

◎ 违章表现

叉车卸货后未降落叉架，造成人员撞伤和厂房设备损坏等事故。

◎ 违章现场

◎ 依据

《安规》规定：叉车运输时，叉架应放低行驶。工作完毕叉架应收起。

◎ 规范作业

违章点 20 运煤机车到来前车辆抢过道口

◎ 违章表现

运煤机车到来前，拦路杆没有提前放下，厂内车辆或人员抢过铁路，由于侥幸心理、视觉判断错误等原因，发生运煤机车与汽车、人员相撞事故。

◎ 违章现场

◎ 依据

《安规》规定：在铁道与汽车道或人行道的交叉地点应设有“小心火车！”的标示牌。如交叉地点为交通要道，必须设拦路杆，并有专人管理，在机车到来前提前放下。在通过厂内铁道时要特别注意有无机车驶近。当机车驶近时不准抢过铁道。

◎ 规范作业

违章点 21 卸煤车之间安全距离不足

◎ 违章表现

因车辆之间距离过近，发生车辆碰撞、人员挤伤等事故。

◎ 违章现场

◎ 依据

《安规》规定：人工式卸煤汽车和自卸式卸煤汽车在同时卸煤时应保持20m的距离。

◎ 规范作业

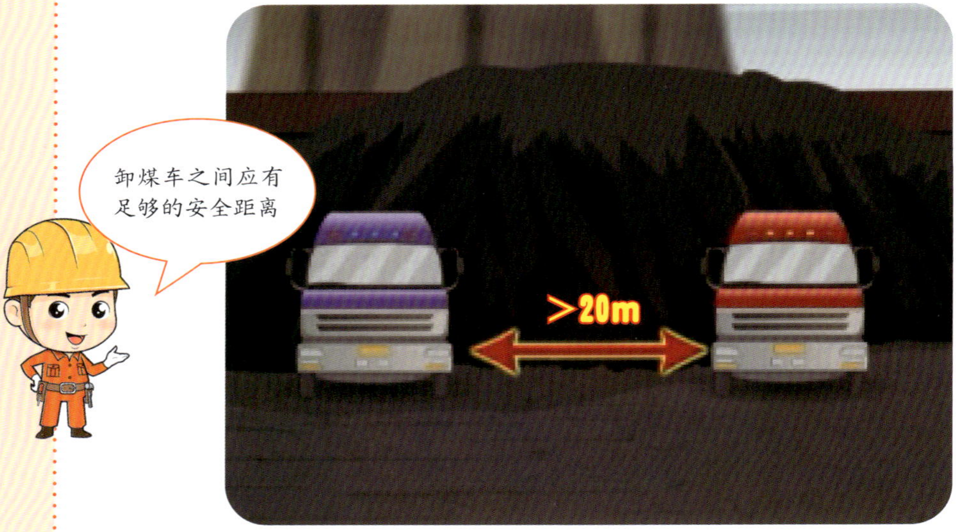

违章点 22 卸煤人员随车走动卸煤

◎ 违章表现

卸煤人员站在运煤车上随车走动卸煤，在卸煤过程中，运煤车辆晃动造成卸煤人员身体失衡跌倒、坠落，导致人身伤害事故。

◎ 违章现场

◎ 依据

《安规》规定：运煤汽车司机在人工卸煤过程中不得开动车辆，只有得到卸煤人员已全部撤离的通知，鸣号示警，并确认车辆周围无人后方可开动车辆。

《安规》规定：运煤汽车人工卸煤时，必须在汽车停止后才能开始卸煤，不允许凭惯性卸煤。

◎ 规范作业

违章点 23 运煤车边行驶边卸煤

◎ 违章表现

运煤车边走边卸，因地面不平及其他原因导致车辆失衡造成翻车事故。

◎ 违章现场

◎ 依据

《安规》规定：自动倾卸车倾卸货物时，应选择平坦场地；向坑内卸车时，应与边坑缘保持安全距离；在危险地段卸车时，应有人指挥。车厢起升前注意空中有无障碍物，禁止边走边起，边走边落。

◎ 规范作业

违章点 24 运煤车卸完煤后未将车厢栏板关好

◎ 违章表现

运煤汽车在煤场卸完煤后，未将车厢栏板关好，车辆在行驶中栏板摆动伤及行人或刮碰其他车辆，造成交通事故。

◎ 违章现场

◎ 依据

《安规》规定：禁止在车辆移动过程中打开车门或车厢栏板。

◎ 规范作业

违章点 25 卸煤人员攀爬运行中的机车

◎ 违章表现

卸煤工攀爬运行中的机车不慎坠落，发生人身伤亡事故。

◎ 违章现场

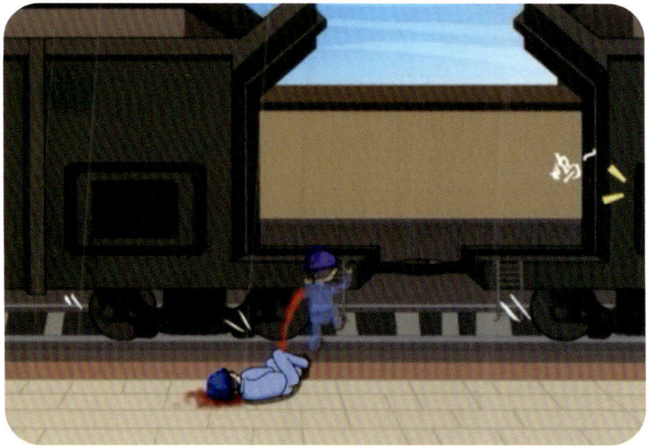

◎ 依据

《安规》规定：卸煤沟、储煤场等处应装有音响信号，使卸煤工人及时知道机车到来。机车在摘钩并离开前，卸煤作业人员不准靠近车辆。卸煤前应检查好列车的制动情况，防止溜车伤人。

非运煤机车人员禁止上下机车或车辆。在机车完全停止前，禁止任何人上下车辆或跳车。

◎ 规范作业

违章点 26 人员从运煤机车下面穿过

◎ 违章表现

运煤机车停止时，人员图省事，从机车下面穿越，一旦机车突然行驶，将发生人身伤亡事故。

◎ 违章现场

◎ 依据

《安规》规定：禁止在铁道上或车底下休息，也不准在车辆下面或车厢间穿过。

《安规》规定：卸煤作业人员应从车厢上的脚蹬上下煤车，禁止从车上跳下。

◎ 规范作业

违章点 27 推煤机和煤堆边缘距离不足

◎ 违章表现

推煤机在煤堆上作业时，因煤堆松散，要求与煤堆边缘要保持一定的安全距离，如果安全距离不符合要求，一旦煤堆坍塌，将发生翻车事故。

◎ 违章现场

◎ 依据

《安规》规定：推煤机在煤堆上作业时，应注意煤堆有无发生坍塌的可能，推煤机和煤堆边缘要保持1.5m以上的距离，以防推煤机翻倒。

◎ 规范作业

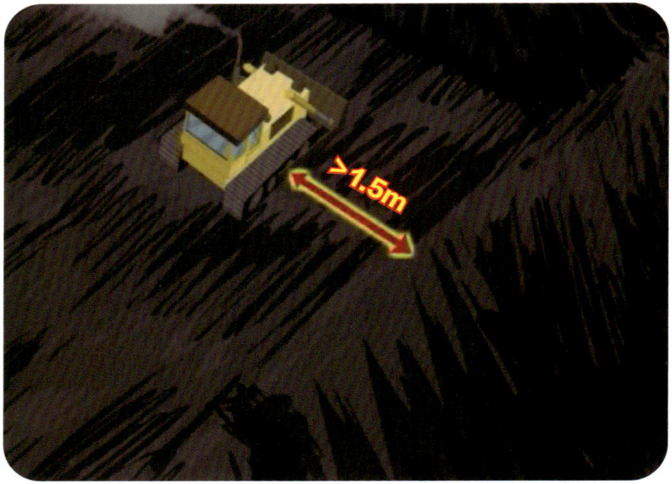

违章点 28 推煤机作业时与运煤车安全距离不足、交叉作业

◎ 违章表现

推煤机作业时与运煤汽车安全距离不足、交叉作业，发生车辆刮碰、人员伤害事故。

◎ 违章现场

◎ 依据

《安规》规定：汽车卸煤区与推煤机作业区界限应清晰，并有足够的安全距离，还应根据煤场的储煤情况及时划分各种车辆的工作区域，不允许推煤、卸煤以及机械上煤交叉作业，避免作业中发生煤车碰撞翻车和人员伤亡事故。

◎ 规范作业

违章点 29 推煤机驾驶员未佩戴安全帽

◎ 违章表现

推煤机驾驶员未佩戴安全帽等个人安全防护用品，发生人身伤害事故。

◎ 违章现场

◎ 依据

《安规》规定：任何人进入生产现场（办公室、控制室、值班室和检修班组室除外），必须正确佩戴安全帽。

◎ 规范作业

违章点 30 推煤机作业完毕后，未开到平坦安全地带，也未落下铲刀

◎ 违章表现

推煤机作业完毕后，停靠在斗轮机轨道旁，且铲刀没有落地，斗轮机工作或因其他原因移动，发生推煤机和斗轮机斗臂相撞事故。

◎ 违章现场

◎ 依据

《推煤机安全操作规程》规定：推煤机作业完毕后，应将推煤机开到平坦安全的地方，落下铲刀，有松土器的，应将松土器爪落下。

◎ 规范作业

机动车在特定条件下的限速规定

限速地点、路段及情况	最高行驶速度（km/h）
道口、交叉路口、装卸作业、人行稠密地段、下坡道、设有警告标志处或转弯、调头时，货运汽车载运易燃、易爆等危险货物时	15
结冰、积雪、积水的道路；恶劣天气能见度在30m以内时	10
进出厂房、仓库、车间大门、停车场、加油站、上下地中衡、危险地段、生产现场、倒车或拖带损坏车辆时	5
恶劣天气能见度在5m以内或能见度在10m以内、道路最大纵坡在6%以上	应停止行驶

摘自：GB4387-2008《工业企业厂内铁路、道路运输安全规程》

扫码看课程